Das Empfinden der Zeit

Wie ich Zeit Definiere
Von Marc Simon

Inhaltsverzeichnis

Vorwort..3

Was ist Zeit?...5

Was Ich unter Zeit Verstehe..8

Wieso haben wir in unserer Gesellschaft keine Zeit 11

Den Zeitfluss Steuern...14

Den Spieß umdrehen...16

Langsamer statt Schneller..16

Das Empfinden intensivieren statt ignorieren........................18

Die Theorie der Multi-Linearen Zeitströme............................22

Eine Reise in die Vergangenheit unmöglich?..........................26

Wie Funktioniert ein Blick in die Zukunft?..............................28

Warum die Relativität´s Theorie nicht zutrifft!.......................30

Wo uns unser Falsches Empfinden der Zeit hinführt..............33

Schlusswort..34

Vorwort

Wie ich dazu kam dieses Buch zu schreiben. Nun zum einem halte ich mich selbst nicht für einen Schriftsteller. Soviel sei gesagt. Es war noch nicht einmal meine eigene Idee. Ein hoch geschätzter Kollege bat mich darum meine Erkenntnisse festzuhalten. Ich Leide sehr unter dem stressigen und hektischen Einfluss der Gesellschaft, in der wir heutzutage Leben. Ruhe wird heutzutage gerade im Berufsleben als negative und unproduktive Eigenschaft dargestellt. Dabei finde ich das genaue Gegenteil der Fall ist. Ich ging auf eine Reise der Forschung und Information. Ich beobachtete Menschen in Stress Situationen. In Phasen der ruhe und gewann interessante Erkenntnisse. Mir viel auf das wir Zeit unterschiedlich wahrnehmen. Deshalb stürzte ich mich in Nachforschungen. Was ist eigentlich Zeit? Wieso hat jeder Mensch eine andere Wahrnehmung der Zeit. Wieso Empfinden wir Zeit so unterschiedlich? Wenn wir Zeit richtig interpretieren und wahrnehmen, können wir viele moderne Erkrankungen komplett im Keim ersticken bzw. heilen. Als Beispiel nenne ich an dieser Stelle mal das Burnout Symptom. Was zu einem immer größeren Problem in der modernen Gesellschaft wird. Zugegeben dieses Symptom hängt von mehreren

Faktoren ab. Sollten sie darunter leiden gehen sie um jeden Fall zu einem Arzt. Dieses Buch ist kein Heilmittel allenfalls ein Hilfsmittel. Die Perspektive auf die Zeit zu wechseln. Ich freue mich das ich nicht der einzige bin der sich mit diesem Thema auseinander setzt. Zudem hoffe ich das ich ihnen mit diesem Buch meine Ansicht auf die Zeit näherbringen kann. Wenn ich mich dabei auch noch verständlich ausdrücken kann ist mein Ziel erreicht. Oftmals verstehen mich meine Mitmenschen nicht. Das liegt nicht daran das meine Mitmenschen ungebildet sind. Ganz im Gegenteil, wenn ich mich unverständlich ausdrücke ist es meine Bildungslücke die verhindert das man mich versteht.

Was ist Zeit?

Wir gehen zurück in der Zeit. Als die ersten Menschen über diesen Planeten wandelten. Als es noch keine Uhren gab, kannte man nur Tag und Nacht. So wie es heutzutage im Tierreich immer noch so ist. Irgendwann kam dann jemand auf die Idee das zu unterteilen. Man fing an zwischen morgens mittags abends und Nacht zu unterscheiden. Da fing der ganze Schlamassel an. Morgens kann man das Feld bestellen, Mittags Jagen, Abends an der Hütte weiter Bauen etc. Das schlimme daran ist nicht die Zeit Einteilung oder dass man in der Lage war Termine zu vereinbaren. Das schlimme daran ist, dass man Zeit angefangen hat mit Licht zu messen. Licht ist also eine Maß Einheit. Hat man festgelegt. Jahre, Tage, Stunden, Minuten, Sekunden. Eine etwas moderneres maß ist das Lichtjahr. Wobei das Lichtjahr eine Entfernung festlegt und keine Zeit. Es ist die Entfernung die das licht innerhalb eines Jahres zurücklegen kann. Da wir uns allerdings mit Zeit beschäftigen lassen wir das Lichtjahr außer Acht. Irgendwann in unserer Menschlichen Entwicklung sind wir dann auf die Idee gekommen Sonnenuhren aufzustellen. Jetzt konnte man also die Stunden ablesen. Was das leben stressiger machte. Ab dem Zeitpunkt waren Termine um 14uhr oder 16uhr30 etc. möglich. Weil dies aber uns nicht gereicht hat bauten wir irgendwann Uhren. An Rathäuser an Kirchentürme und so weiter.

Mittlerweile gibt es alle möglichen Uhren in jeglichen Formen. Alle haben sie etwas gemeinsam. Uhren erinnern uns daran, dass wir Termine haben oder zu langsam sind. Das wir zu spät kommen können. Ein Beispiel:

Angenommen wir haben uns in einem Café verabredet. Sie sind Pünktlich. Sie setzten sich und sagen der Bedienung das sie noch auf jemanden warten mit der Bestellung. Weil sie das für höflich erachten obwohl sie Durst haben. Sie schauen auf die Uhr und stellen fest sie sind pünktlich. Alles gut in ihren Augen. Sie geben in diesem Moment die Schuld an ihrem Durst mir. Da ich unpünktlich bin. Nach fünf Minuten schauen sie auf die Uhr und fangen sich an zu Ärgern. Womöglich denken sie hätte ich das gewusst hätte ich was anderes machen können. Nach 10min bestellen sie sich etwas zu Trinken und denken an so was wie: in diesen 10min hätte ich zuhause das Rad neu erfinden können! Kleine Anmerkung hätten sie nicht könnte niemand! Nach 15min Tauche ich völlig gestresst auf und entschuldige mich das meine Bahn Verspätung hatte.

In diesem Beispiel wird klar das die Zeitmessung durch Licht wie sie allgemein Praktiziert wird. Dazu geführt hat das sie verärgert und ich gestresst bin. Was beides sehr negative Aspekte sind. Zudem muss ich meine Begrüßung so auslegen das sie eine Entschuldigung und eine Erklärung enthält.

Was war also Zeit in diesem Beispiel. Eine Messung durch Licht. Die dazu geführt hat das sie pünktlich und ich unpünktlich war. Wir sollten uns bewusst machen wie viele negative Aspekte eine solche Lichtmessung mit sich bringt. Denn mehr ist laut Definition Zeit nicht. Das Messen der Licht Partikel ausgehend von der Sonne bis zum eintreffen auf der Erde. Unter Berücksichtigung der Erddrehung und dem Stand der Erde auf der Umlaufbahn der Sonne. Da wir diese Methode auf diesem Planeten festgelegt haben. Gilt diese Zeitmessung auch nur auf diesem Planeten. Verlassen wir jetzt den Planeten Erde sind sämtliche Zeitmessungen hinfällig. Auf dem Mond oder dem Mars würde die Zeit schneller oder langsamer laufen. Wir halten also fest, wenn wir über die Definierte Zeit sprechen Jahre, Tage, Stunden, Minuten dann mit der Voraussetzung das wir den Planeten Erde nicht verlassen. Eine Universums Zeiteinteilung wurde noch nicht erfunden. Lichtjahre sind wie bereits erwähnt Entfernungen und keine Zeiteinteilung. Darauf komme ich in Kapitel Neun noch etwas genauer zurück. Fazit Zeit ist eine Lichtmessung auf der Erde.

Was Ich unter Zeit Verstehe

Es gibt gewisse Differenzen was ich unter Zeit verstehe und was die definierte Zeit angeht. Während die Definierte Zeit eine Lichtmessung ist. Die uns höchstens Stress verursacht. Definiere ich Zeit als Momente in unserem leben wo wir eine Entscheidung treffen. Sei dies bewusst oder gar unbewusst. Zum Beispiel jetzt gerade dieser Moment. Sie erleben diesen Moment wo sie diese Zeilen lesen. Sie haben sich bewusst entschieden dieses Buch in diesem Moment zu lesen. Eine Lichtmessung also eine bestimmte Uhrzeit oder Datum. Spielt hierbei gar keine Rolle. Es ist der Moment den sie jetzt gerade erleben und ihnen im Gedächtnis bleibt. Von Natur aus erleben wir immer die Gegenwart. Also den Moment der jetzt gerade passiert. Und genau diesen Moment der jetzt gerade passiert den sie erleben in dem sie dieses Buch lesen. Genau diesen Moment definiere ich als Zeit. Sie haben in der Gegenwart immer die Wahl. Im Gegensatz zur Vergangenheit. In der Vergangenheit haben sie bereits ihren Moment erlebt und eine Entscheidung getroffen. Die Zukunft entsteht aus der Vergangenheit und ist beeinflussbar durch die Gegenwart. Was die Zeit also dieser Moment in dem sie sich gerade befinden um so interessanter und wichtiger macht. Wir können also die Zeit also diesen Moment bewusst war nehmen und beeinflussen. Um nicht zu sagen ich denke also bin ich. Ich denke aber nur in diesem Moment. In der Vergangenheit habe ich bereits gedacht und in der Zukunft werde ich erst noch denken. Das führt dazu das ich nur aktuell in diesem Moment existiere. Und der Moment in dem ich existiere, in dem ich denke und eine Entscheidung treffe. Das ist der Moment den ich als Zeit definiere. Diese Zeit Definierung ist auch Planeten unabhängig. Wenn ich jetzt zum Beispiel auf dem Saturn stehe erlebe ich diesen Moment auf dem Saturn. Während meine Armbanduhr nicht mehr weis was sie anzeigen soll. Bzw. es völlig irrelevant wäre da diese dort nicht mehr richtig funktionieren dürfte. Halten wir also fest. Meine Zeit Definition ist der Moment in dem wir eine Entscheidung treffen können. In dem wir eine Wahl haben. In der modernen Gesellschaft von heute ist es leider so. Das wir durch Lichtmessung und terminlichen Stress. Unsere Gegenwart vernachlässigen und vergessen das wir jetzt existieren. Wir arbeiten nur noch auf zukünftige Ereignisse hin. Statt uns bewusst zu machen das wir in der Gegenwart existieren. Wir nehmen die Gegenwart nicht mal mehr wahr. Wir verbringen unsere Zeit damit daran zu denken. Um 15uhr bekomme ich Besuch, oder morgen früh muss ich zur Arbeit gehen. Anstatt sich den aktuellen Moment bewusst zu werden. Es gibt Leute die sagen ich habe keine Zeit mehr. Oder mir läuft die Zeit davon. Diesen Menschen hat sich die Zeit, so als Lichtmessung manifestiert, dass es ihnen nicht einmal bewusst ist das sie jetzt in diesem Moment existieren. Bei diesen Leuten ist alles ausgelegt auf den nächsten Moment, der erst zu kommen vermag. Sie Leben nicht in der Gegenwart, sondern in der Zukunft. Sie treffen ihre

Entscheidungen meist nicht bewusst, sondern mehr aus herangezogenem Automatismus. Ein Beispiel: Sie Fahren mit ihrem Auto auf der Autobahn und müssen noch 50km weiterfahren. Wenn sie Angekommen sind haben sie vermutlich 40km davon ausgeblendet. Die Uhr ist natürlich weitergelaufen. Sie haben aus Automatismus ihre Entscheidungen getroffen und die Momente verpasst. Beängstigend nicht wahr? Wenn man sich dies einmal bewusst macht. Wird einem klar das man auf der Strecke von 40km einfach nur eine Funktionierende Biomasse war. Man könnte sogar behaupten das man Bewusstseins mäßig einen Zeitsprung nach vorne gemacht hat. Allerdings zurück an den Anfang von den 40km kann man leider nicht mehr springen da man seine Entscheidungen unterbewusst durch Automatismus bereits getroffen hat. Was uns automatisch wieder in die Gegenwart zurückholt. Was uns auch wieder veranschaulicht das Zeit nur der Moment ist in dem wir eine Entscheidung treffen und uns das auch bewusst ist. Zudem das wir uns Sehr lange an diesen Moment erinnern können.

Wieso haben wir in unserer Gesellschaft keine Zeit

In unserer Gesellschaft hat es sich mittlerweile so manifestiert, dass wir um das Leben und die Wissenschaft besser verstehen zu können alles messen und in Skalen aufschlüsseln. Unsere Computer verarbeiten Informationen schneller als der Mensch es könnte. Einfaches Beispiel: Kopfrechnen rechnen sie 3499 mal 2149 minus 3. Stoppen sie die Lichtmessung (Stoppuhr) wie lange sie dafür brauchen. Anschließend geben sie die Rechnung in einen Taschenrechner ein. Wer war schneller? Muss man nicht lange überlegen. Da der Mensch sich angeeignet hat überlegen zu sein hat man einen permanenten Druck auf sich lasten. Industrie Maschinen erledigen die arbeiten schneller als der Menschliche Arbeiter dazu noch Präziser. Das im Hinterkopf haben wir permanent Angst unseren Arbeitsplatz zu verlieren und somit die Ernährung unserer Familie. Es geht heutzutage nur noch um Effektivität kein Arbeitgeber gibt dem Arbeiter mehr Zeit als nötig. Alles muss Schneller besser und profitabler sein. Das nicht nur in der Arbeitswelt auch Im Privatleben. Warum sollte ich auch im kleinen Tante Emma laden im Dorf einkaufen. Wo alles teurer ist. Wo ich doch auch im Großen Einkauf Center in der Stadt mehr für mein Geld bekomme.

Warum sollte ich bei eBay bestellen und 7Tage auf die Lieferung warten. Wenn Amazon es am nächsten Tag Liefert. Man wägt also als Privat Mensch schon seine Möglichkeiten ab. Das haben wir von der Industrie bzw. Kapitalismus gelernt. Das was der Arbeitgeber macht das machen wir Privat ebenfalls. So hat sich der Gedanke und die Ungeduld in uns manifestiert. Es muss immer schneller sein, effektiver und günstiger die Zeit läuft. Tick Tack, Tick Tack. Das steigert unser Stress Level. Wir stehen permanent unter Druck. Sei es auf der Arbeit oder Zuhause. Uns wird Automatismus angelernt. Wodurch wir allerdings verlernen was Zeit ist. Uns gehen dadurch die Momente die wir bewusst erleben und in denen wir bewusst eine Entscheidung Treffen verloren. Was den Effekt von die Zeit läuft Tick tack, untermauert. Wir werden uns immer weniger der Gegenwart bewusst. Wenn sie zum Beispiel bei Ford am Fließband arbeiten. Und am Tag 200 Fahrerairbags einbauen, können sie sich noch an den 76zigsten erinnern? Nein denn für sie zählt nur das sie ihr soll am Ende des Tages erreicht haben. Angenommen Sie fangen mit 20jahren an die Airbags einzubauen und sie gehen mit 67 in Rente dann haben sie zusammengerechnet ganze Jahre ausgeblendet mit Automatismus. Ihnen wird bewusst wo sind die ganzen Jahre hin. Und somit Erklärt es sich das wir auch tatsächlich keine Zeit haben, weil wir viel zu viel Zeit einfach nur als Biomasse verbringen. Wir geben mittlerweile freiwillig die Entscheidungen in Momenten ab. Weil es uns so beigebracht wird, du musst funktionieren. Das einzige das Zählt ist das Ergebnis. Nicht die Entscheidung wie Sie an das Ziel gekommen sind. Das ist der Grund warum wir in unserer Gesellschaft keine Zeit mehr haben. Weil wir viel zu viele Momente durch Automatismus verlieren und sie uns nicht mehr bewusst sind. Wenn sie ein höheres Bewusstsein erlangen möchten, dann müssen sie sich ihr Bewusstsein erst einmal bewusst machen. Nehmen sie sich vor dem ins Bett gehen einmal einen Moment und lassen sie den Tag Revue passieren. An was können sie sich noch explizite erinnern und ihnen bewusst machen, welche Entscheidungen sie getroffen haben. Im Vergleich zum ganzen Tagesverlauf werden sie feststellen das die Erinnerungen recht wenige sind. Einen Tag später machen sie sich Notizen über den ganzen Tag hin weck. Ein weiterer Tag später abends lassen sie den Vortag Revue passieren und vergleichen sie dies dann mit ihren Notizen und sie werden Feststellen welche Momente sie nicht bewusst erlebt haben. Und das ist der Grund warum wir in unserer Gesellschaft keine Zeit haben. Weil wir es uns angeeignet haben eine funktionierende Biomasse zu sein anstatt die Gegenwart bewusst zu erleben und unsere Entscheidungen bewusst zu treffen. Mach sie sich Bewusst Zeit ist mehr als Tic Tac, Tic Tac.

Den Zeitfluss Steuern

Die empfundene Zeit steuern. Ist reine Übungssache. Wir können uns also in unserem Arbeitsleben oder auch Privat durch Automatismus in der Zeit nach vorne bewegen. Zumindest Geistig. Das schaffen wir in dem wir gewisse Momente ausblenden. Was den Effekt hat das es einem vorkommt als wenn die Zeit schneller gelaufen ist. Dies kann man Bewusst Steuern. Sie können bewusst ihren Gedanken Strom und die Manifestierung des Momentes abschalten. Wir erinnern uns an die Autobahnfahrt von 50km wo wir 40km ausgeblendet haben. Genau diesen Zustand können wir bewusst herbeiführen.

Nicht Denken den Moment nicht manifestieren einfach vorbeigehen lassen. Uns selbst klar machen, dass dieser Moment nicht wichtig für uns ist. Damit sich dieser Moment nicht in unserem Gedächtnis verankert. Das ist ein ähnlicher Zustand wie beim Schlafen, nur das wir Wach sind. Wir kehren auch in regelmäßigen abständen automatisch zurück. Selbst bei der Meditation bedarf es langem Üben um den Zustand aufrecht zu erhalten. Jeder Mensch ist anders den einen fällt es leicht. Den anderen schwer. Wichtig dabei ist das sie es nicht erzwingen, sondern sich einfach nur bewusst machen. Was sie machen möchten. Es ist auch nicht empfehlenswert zu viele Momente auszublenden. Wie gesagt wir können die ausgeblendeten Momente nicht zurückholen da wir unsere Entscheidungen getroffen haben. Es ist allenfalls ein Hilfsmittel um eine Wartezeit zu verkürzen. Es muss natürlich auch gewarnt werden. Es ist sehr schwierig zu einem bestimmten Moment zurückzukehren. Es bedarf sehr viel Übung diesen Schlaf Wach Zustand zu einem bestimmten Augenblick zu unterbrechen. Ich habe die Erfahrung gemacht das, wenn ich auf Kollegen etc. gewartet habe. Erst diese mich nochmal in den Bewusstseinszustand zurückgeholt haben. Es empfiehlt sich zusammen mit anderen zu üben. Gerade am Anfang könnten sie viel später zurückkehren als sie beabsichtigt haben. Wenn sie alleine üben benutzen sie einen Wecker. So sind sie auf der sicheren Seite.

Den Spieß umdrehen

Langsamer statt Schneller

Wie wir Moment überspringen Wissen wir jetzt. Das wir nicht in die Vergangenheit Springen können Wissen wir auch. Es bleibt also nur die Gegenwart dieser Moment den wir gerade erleben was können wir damit tun? So wie wir durch Ausblendung und Automatismus die empfundene Zeit beschleunigen können. So können wir den Moment den wir jetzt gerade erleben und eine Entscheidung treffen verlangsamen. Dazu müssen wir uns den Moment Richtig Bewusst machen. Wer kennt nicht die Situation, Sie haben Hunger und machen sich etwas vom Mittagessen in der Mikrowelle warm. Sie stellen den Teller in die Mikrowelle, schalten den Timer auf beispielsweise auf 4 min. Die Mikrowelle startet, Sie stehen gespannt davor und warten. Ihre Aufmerksamkeit gilt dem Timer. Sie sehen gespannt zu wie die Zeit abläuft. Sie verschränken die arme tippen mit dem Fuß auf den Boden. Nach vielleicht einer Minute denken sie sich wie lange dauert das denn noch! In diesem Moment Dehnen sie ihre Empfindung der Zeit. Scheinbar dauern 4min unendlich lange. Obwohl die Zeit genau so schnell läuft wie immer. Wir Empfinden diese nur anders. Wir nehmen diesen Moment bewusst wahr ohne eine Entscheidung zu treffen. Wir konzentrieren uns auf den Moment, nehmen ihn Wahr und fällen keine Entscheidung die uns zum nächsten Moment führt. Dass verlangsamt das Empfinden der Zeit. So auch in der Arbeitswelt. Angenommen Sie haben ihr Tagwerk vollbracht, es ist keine Arbeit mehr da die sie noch schnell erledigen können. Allerdings haben sie erst in 20min Feierabend und können nach Hause gehen. Sie sind hoch konzentriert, nehmen den Moment bewusst wahr können allerdings keine Entscheidung treffen. Da die gewünschte Entscheidung wäre Feierabend zu machen. Sie schauen nach gefühlten 2std. auf die Uhr und es sind erst 10min vergangen. Dieses Phänomen kennt glaube ich jeder und jeder war auch schon in dieser Situation. Wir wollten alles in diesem Momenten, aber bestimmt die empfundene Zeit nicht verlangsamen. Wenn wir uns dies bewusst machen was wir dabei empfinden, dann können wir uns mit Übung auch immer wieder in diesen Bewusstseins zustand versetzen. Wir können dadurch Lernen wie wir Zeit langsamer Empfinden können. Was unseren Stress Level erheblich sinken lässt. Wenn wir unser Empfinden richtig anwenden. Grob zusammengefasst heißt das. Es ist das genaue Gegenteil von Automatismus. Anstatt Entscheidungen automatisch geschehen zu lassen und eine Biomasse zu sein. Geht es bei empfundener Verlangsamung darum konzentriert und bewusst den Moment Wahr zu nehmen. Dies führt dazu das wir einen Moment dehnen oder in die Länge ziehen. In diesen Momenten sind wir meiner Meinung nach am Produktivsten.

Das Empfinden intensivieren statt ignorieren

Wir können unser Empfinden der Zeit steuern. Einmal durch abrufen von Erinnerungen in der wir uns das Empfinden bewusst gemacht haben. So wie in den Beispielen mit der Autobahn oder der Microwelle. Dies bedarf natürlich Übung, da wir heut zu tage nicht trainiert sind die zeit bewusst wahrzunehmen. Oder wir intensivieren das empfinden der Zeit durch kleine Selbst Experimente. Für die Menschen die jetzt aufschreien. Experimente mit der Zeit. Sei gesagt ich habe nicht vor das Raum Zeit Kontinuum zu sprengen. Es sind harmlose Experimente die jeder selbst durchführen kann ohne sich oder andere zu Gefährten. Jeder der sich mit Theoretischer Naturwissenschaft und der Lehre der Zeit beschäftigt hat, macht solche Experimente. Ausgenommen Herr Einstein sonst hätte er wohl seine Theorie anders Formulieren müssen. Dazu kommen wir aber erst später.

Was brauchen wir für unser Experiment. Nun nicht viel. Einen Raum oder Ort wo absolut kein Sonnenlicht eindringen kann. In unserer Vorzeit ließ sich sogar ein Wissenschaftler für mehrere Tage in eine Höhle einsperren. Für uns ist wichtig das in dem Raum keinerlei Licht ist, also auch keine blinkende LED, keine Kerze nichts was Licht erzeugt. Etwas was in regelmäßigen Abständen ein Geräusch verursacht müssen auch aus dem Raum. Besonders Uhren dürfen nicht in dem Raum sein. Gehen sie für einen

Moment in den Raum um sich zu vergewissern das alle Sachen die sie über einen bestimmten Moment informieren entfernt haben. Sie stehen also in einem komplett abgedunkelten und stillen Raum. Gut gehen sie wieder hinaus. Stellen sie sich einen Wecker auf 20min. Lassen sie diesen Wecker vor dem Raum. Sie dürfen ihn nur hören, wenn er nach 20min Alarm schlägt. Sie dürfen ihn auch auf keinen Fall sehen, wenn sie in dem Raum sind. Gehen sie in die Mitte des Raumes und denken sie nicht an den Wecker. Machen sie sich Bewusst wie sie Zeit wahrnehmen, wenn sie keine visuelle oder gar Akustische Möglichkeit haben Zeit zu messen. Unser Körper wird versuchen den Verlust beider sinne der des Sehens und der des Hörens zu schärfen. Da wir normalerweise diese Sinne Permanent benutzen fehlen uns diese in dem Augenblick. Sprich unsere Pupillen werden sich sehr stark erweitern und versuchen in der Dunkelheit etwas zu erkennen. Wir werden Geräusche wahrnehmen die wir vorher ausgeblendet oder überhört haben. Unsere anderen Sinne werden wir ebenfalls intensiver Wahrnehmen. Das sind natürliche Reaktionen unseres Körpers. Wenn der Wecker Alarm schlägt und sie den Raum verlassen, Machen sie das bitte langsam. Dadurch das die Pupillen erweitert sind, werden sie mit sehr großer Wahrscheinlichkeit geblendet. Was in diesem Fall Kopfschmerzen mit sich führen kann.

Uns geht es jedoch um die Empfindung der Zeit. Wenn sie das Experiment abgeschlossen haben. Fragen sie sich wie sie die Zeit empfunden haben.

Intensivieren sie das was in den 20min passiert ist. Was sie gedacht haben was sie empfunden haben und vor allem was sie gemacht haben. Sie sollten auch vorbehaltlos diese Experimente durchführen. Wenn sie vor dem Experiment sich die Ergebnisse anderer anschauen. Beeinflusst deren Ergebnis ihr Ergebnis. Deshalb sollten sie bevor sie weiterlesen oder sich das Ergebnis anderer anschauen dieses Experiment gemacht haben. Schreiben sie sich ihr Ergebnis auf. Damit sie mit anderen oder meinen Ergebnissen vergleichen können.

Mein Ergebnis des Experiments.

Ich stehe also in der Mitte eines schwarzen Raumes, nichts ist zu hören. Mein Körper braucht eine Zeit um sich an die Umstände zu gewöhnen. Wie lange kann ich beim besten willen nicht einschätzen. Sobald dies aber geschah, stellte ich mir die Frage. Ist das überhaupt die Mitte des Raumes? Egal. Ich ging von wand zu wand um mich der Situation anzupassen. Mir fiel auf, dass der Raum größer erschien dadurch das ich mich vorsichtiger fortbewegt habe. Man will ja nicht fallen oder stolpern. Oder gar gegen eine Wand laufen. Faszinierend war das ich meine Bewegungen sehr vorsichtig durchgeführt habe und dadurch mir jede meiner Bewegungen sehr bewusst gemacht habe. Ich nahm also mehr war. Meinen Körper, die Wände, meine Kleidung. Nach dem ich den Raum abgegangen war und mich der Situation angepasst hatte. Setzte ich mich auf den Boden. Ich machte mir Gedanken darüber was gerade passiert. Ein Leerer schwarzer Raum, absolute Stille und ich mitten drin. Ich hatte mein Zeitgefühl völlig verloren.

Allein mit meinen Gedanken versuchte ich mir klar zu machen was gerade passiert. Was mit mir gerade passiert. Ein Hauch von Panik kam in mir hoch. So abgetrennt von der Zeit war ich noch nie. Ich wusste zwar das nach 20min. ich den Raum wieder verlassen würde, und auch in demselben Gesundheit zustand. In dem ich hinein gegangen bin. Aber welche Auswirkungen hat es auf mich? In dem Raum nahm ich jede Bewegung, jeder Atemzug intensiver war. Ich konnte nicht aufhören darüber nach zu denken. Irgendwann dachte ich. Wie lange sind eigentlich 20min. Mir kam es vor wie eine Ewigkeit. Ich erkannte in diesem Moment, das wenn man den Moment oder eine gewisse Zeit empfundener maßen verlängern möchte. Das man den Moment bewusster und intensiver wahrnehmen muss. Man muss das Zeitgefühl das man sich angeeignet hat komplett abschalten. Jede Entscheidung sich zu bewegen zu denken intensivieren. Man muss seine Umgebung konzentriert wahrnehmen. Sich den Moment in dem man sich befindet Bewusst machen. Dann wird die Empfundene Zeit verlangsamt und wir lernen die Perspektive auf die Zeit zu ändern. Ich fing an in dem Raum darüber nachzudenken. Was ist eigentlich Zeit? Da ich dort absolut keine Möglichkeit habe Zeit zu messen. Muss Zeit doch mehr sein als eine Lichtmessung. In einem Raum ohne Licht vergeht die Zeit ja auch, empfundenen Maßen sogar Langsamer. Der Wecker schlägt Alarm. Ich gehe natürlich zu schnell hinaus und bekomme Kopfschmerzen durch das Licht. (war Klar)

Die Theorie der Multi-Linearen Zeitströme

Diese Theorie ist das Ergebnis meiner Überlegungen. Ich versuche beabsichtigend auf mathematische Formeln zu verzichten. Da diese für den größten Teil der Bevölkerung unverständlich wäre. Wem es aber lieber oder verständlicher ist dem kann ich das auch mathematisch darlegen.

$$Z = V + \frac{G}{(E + x^2)}$$

Sollten sie diese Formel nicht verstehen. Zweifeln sie nicht an sich selbst ich erkläre diese noch genauer. Es gibt kaum jemand der diese Formel auf Anhieb verstehen würde.

In dieser Formel steht. Das Zukunft das Ergebnis von Vergangenheit, plus Gegenwart geteilt durch die Entscheidung und der Möglichkeit im Quadrat ist. Einfacher formuliert. Wir haben uns durch die Vergangenheit in die Gegenwart Entschieden. Da wir unsere Entscheidungen in der Vergangenheit nicht mehr ändern können, haben wir in der Gegenwart die Möglichkeit unsere Entscheidung zu treffen. Da wir immer mehrere um nicht zusagen unzählige Möglichkeiten haben eine Entscheidung zu treffen, steht in dieser Formel x für Möglichkeit und diese im Quadrat.

Ein einfaches und Praktisches Beispiel, damit mich auch jeder versteht. Wir haben in der Vergangenheit festgestellt das wir Durst haben und entschieden etwas zu trinken. Das führte uns in die Gegenwart. Wir müssen uns jetzt entscheiden was wir trinken wollen. Ein Glas Wasser, Limonade, Tee, Kaffee usw. Je nachdem für was wir uns entscheiden. Haben wir uns für einen von vielen Wege in die Zukunft entschieden. Während also die Vergangenheit Grad Linnich ist. So zu sagen ein fester wert ist der sich nicht mehr ändern lässt und aus dem die Gegenwart Resultiert. Müssen wir uns in der Gegenwart entscheiden auf welchen der unzähligen Zukunftsstränge wir aufspringen. Ich versuche es anhand einer Zeichnung zu verdeutlichen.

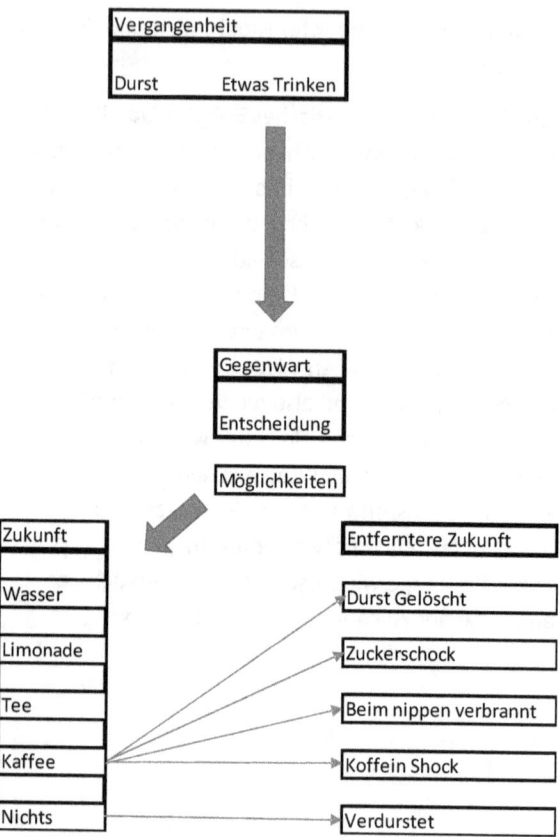

Jede entschiedene Möglichkeit birgt also in sich nochmals mehrere Zeitstränge in sich selbst. Selbst wenn wir uns für nichts entscheiden resultiert daraus eine Zeitströmung. Nichts ist also ein wert den man bei der Zeit durchaus einkalkulieren muss. Somit ist also folgendes festgehalten. Wir können unmöglich in die Vergangenheit Reisen. Da diese ein fester wert ist. Die Entscheidung in die Vergangenheit zu Reisen würde bedeuten, dass wir die Vergangenheit zu unserer Zukunft machen würden. Wir könnten unmöglich in die Gegenwart zurückkehren da wir immer in der Gegenwart existieren. Es wäre nur einer von sehr vielen Zeitströmen. Eine Reise in die Zukunft machen wir bereits jetzt, dadurch das wir in der Gegenwart Entscheidungen treffen. Wenn wir jetzt zukünftige Gegenwarte überspringen würden, wäre es automatisch die Zeitströmung in der wir nicht existiert hätten da wir ab dem Zeitpunkt der abreise keine Entscheidung bis zum Ankunftspunkt getroffen hätten. Angenommen sie würden von 2017 nach 2020 springen. Dann hätten sie 3jahre lang nicht existiert. 2020 wäre die Gegenwart 2017 die Vergangenheit. Sie springen zurück von 2020 nach 2017. In dem Moment wo sie diese Entscheidung Treffen wird 2020 zur Vergangenheit und 2017 zu ihrer Zukunft. Deshalb könnten sie sich auch niemals selbst begegnen. Weil alles nur verschiedene Zukunft Strömungen wären. Alle Zeitreisefilme sind zwar schön mit anzusehen aber bei genauerem überlegen unlogisch. Zu mindestens nach meiner Theorie. An dieser stelle möchte ich sie bitten, wenn sie meine Theorie widerlegen können. Tun sie dies bitte. Ich bin für jede Diskussion offen und nicht unfehlbar.

Eine Reise in die Vergangenheit unmöglich?

Wie wir in der Theorie der Multi linearen Zeitströmung gelernt haben. Ist eine Reise in die Vergangenheit unmöglich. Zumindest Physisch. Was können wir also tun um eine Falsch getroffene Entscheidung in der Vergangenheit zu ändern. Eigentlich nur eins. Wir müssen uns den Moment in der Vergangenheit wieder bis ins kleinste Detail bewusst machen. Die Zeitströmung mit der Entscheidung die wir getroffen haben kennen wir ja. Wir versuchen uns also vorzustellen, was wäre gewesen, wenn wir eine andere Entscheidung getroffen hätten. In diesem Moment kennen wir also auch die Zeitströmung die wir gerne gehabt hätten. Wir können jetzt in der Gegenwart unsere Entscheidungen so auslegen das wir in der Zukunft das Resultat der gewünschten Zeitströmung erhalten. Ein Beispiel. Wir können den 11ten September 2001 nicht verhindern. Wir könnten höchstens das World Trade Center wiederaufbauen und hätten einen Aspekt der Vergangenheit geändert. Die Menschenleben können wir nicht zurückholen. Da ihre Zeitströmung in der Vergangenheit enden. Wir müssen uns also bewusst machen das wir verschiedene Sachen aus der Vergangenheit korrigieren können. Aber dass wir die Vergangenheit nicht ändern können. Sie ist gefestigt und wird immer sein, so wie manche Resultate von ihr. Wenn wir schöne Momente noch einmal erleben möchten. Können wir uns diese ins Gedächtnis zurückrufen und somit auch die Empfindungen die wir damit hatten. Wir können in der Gegenwart Entscheidungen treffen die einen solchen Moment wieder hervorbringen. Es wird aber nie der Moment sein den wir in Vergangenheit bereits erlebt haben. Sondern nur ein Moment den die Zukunft hervorgebracht hat. Diese Tatsache unterstützt und beweist in der Theorie das die Vergangenheit ein fester Wert ist. Den man empfundener maßen hüten oder vergessen kann, aber niemals ungeschehen. Denn aus ihm geht die Gegenwart hervor und hilft uns unsere Entscheidungen zu treffen um einen schritt in die Zukunft zu machen.

Wie Funktioniert ein Blick in die Zukunft?

Jetzt wird es wieder Interessant! Während die Vergangenheit ein fester Wert ist und die Gegenwart daraus entsteht. Ist die Zukunft ein Flexibler Wert mit nahezu unendlicher Vielfalt. Es gibt unendlich viele Möglichkeiten in der Gegenwart um die Zukunft zu gestalten bzw. zu manipulieren um auf eine bestimmte Zeitströmung zu gelangen. Aber wie gelangen wir dort hin? Als erstes müssen wir unter Berücksichtigung der Vergangenheit Wissen welchen Zeit Strom wir ansteuern möchten. Dazu wieder ein Beispiel. In der Vergangenheit hatten wir eine Reifenpanne mit unserem Auto. In der Gegenwart stehen wir also mit unserm kaputten Auto am Straßenrand. Wir möchten also auf die Zeitströmung wo wir wieder mit unserem Auto die Reise fortsetzen können. In diesem Moment kennen wir den festen Wert der Vergangenheit. Die Gegebenheiten und die daraus resultierenden Möglichkeiten. Unseren gewünschten Zeitstrom haben wir auch festgelegt. Das einzige was wir jetzt noch tun müssen. Ist abzuwägen welche Entscheidung uns auf unseren gewünschten Zeitstrom bringt. Wir entscheiden uns den Reifen zu wechseln und unsere Reise fortzusetzen. Wir konnten also in der Gegenwart einen Einblick in einen zukünftigen Zeitstrom werfen.

Und anhand von unserer Entscheidung manifestieren. So funktioniert ein blick in die Zukunft. Einen Zeitstrom visualisieren und aus den möglichen Entscheidungen herbeiführen. Hat jeder von uns schon einmal getan. Wenn auch unbewusst. Man sollte sich natürlich auch bewusst sein, dass es mehrere Zeitströme mit demselben Ergebnis existieren. Beispielsweise hätten wir uns in dem Beispiel mit der Reifenpanne auch den Pannenservice rufen können. Es wäre ein anderer Zeitstrom mit demselben Ergebnis gewesen. Ist so eine verzwickte Sache mit dem x^2.

Warum die Relativität´s Theorie nicht zutrifft!

Ein weit verbreiteter irr glaube. Am Anfang dieses Kapitels möchte ich erst einmal festhalten. Das ich Herr Einstein für einen sehr großen Denker halte, der seiner Zeit weit voraus war. Seit 1955 haben sich allerdings unsere Kenntnisse immens erweitert und so gilt es halt, dass wir seine Gedanken und Theorien widerlegen können. Ohne ihn wären wir allerdings heute noch nicht soweit wie wir sind. Er war ein Theoretischer Physiker. Was bedeutet das er etwas messen musste um eine Theorie zu beweisen. Das führte dazu das in der Relativität Theorie Zeit mit Licht in Verbindung bringen musste. Zeit ist eine Einheit die sich nach meiner Theorie nicht messen lässt. Er war gedanklich an diesen Planeten bzw. unserem Sonnensystem gebunden. Denken wir jetzt größer außerhalb unseres Universums. Ist Zeit nicht mehr mit Licht messbar und somit ein unzulässiges Messverfahren. Er bringt als Beispiel hervor. Wenn ein Zwilling auf dem Planeten Erde bleibt und der andere Zwilling mit Lichtgeschwindigkeit 35jahre durch das all fliegt. Würde der auf dem Planeten Erde 35jahre älter und derjenige der durch das All geflogen ist nicht. Mit anderen Worten bewegen wir uns auf Lichtgeschwindigkeit bleibt für uns die Zeit stehen. Da liegt genau der Fehler. 35jahre sind 35jahre egal wie schnell wir uns fortbewegen. Bewegen wir uns mit Lichtgeschwindigkeit sind wir für Herr Einstein einfach nur nicht messbar. Da wir uns genau so schnell bewegen wie sein Mess-Instrument. Das Energie gleich Maße in Bewegung ist. Möchte ich in diesem Buch gar nicht in frage stellen da wir uns in diesem Buch rein mit der Zeit beschäftigen. Schauen wir uns im Weltall um. Finden wir sogenannte Singularitäten oder im Volksmund auch schwarze Löcher genannt. Die Masse darin ist so verdichtet das es eine Gravitation erzeugt, das noch nicht einmal licht ihr entkommt. Das heißt Licht das in das schwarze Loch scheinen will, wird von der Gravitation an den äußeren Rand gezogen und bildet den sogenannten Hawking Kreis.

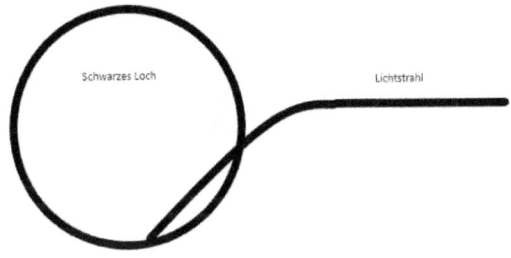

Einstein beschrieb dieses Phänomen als Krümmung der Raumzeit in der Nähe der Singularität. Mir beweist es eigentlich nur das Licht nicht die schnellste kraft im Universum ist. Sondern dass die Gravitation eines schwarzen Lochs schneller als Licht Partikel sein müssen. Was ein weiterer Punkt ist das ich Lichtmessungen nicht als Zeit definieren kann, da diese beeinflussbar ist wie zum Beispiel von Gravitation. Ich muss eingestehen das ich ebenfalls den Theorien von Edward Witten, Richard Phillips Feynman und Stephen Hawking nur teilweise zustimmen kann. Ich möchte diese Großen Denker und hervorragenden Wissenschaftler nicht in frage stellen oder widerlegen. Ich kann ihnen einfach nur nicht in allen Punkten zustimmen. So wie diese mir ebenfalls in meinen Theorien nicht in allen Punkten zustimmen würden. Zudem ist das gerade der perfekte Zeitpunkt um allen diesen Wissenschaftler für ihre Beiträge zu Danken. Ohne sie wäre die Welt eine andere.

Wo uns unser Falsches Empfinden der Zeit hinführt

Wir haben es in uns manifestiert die Zeit als eine Lichtmessung wahrzunehmen. Dies führt dazu das wir uns einmal eine Grenze selbst setzen und dass wir an diese Grenze stoßen und durchbrechen möchten. Wir belasten uns selbst und vergessen das wir unsere Empfindungen der Zeit selbst Dirigieren können. Wir nehmen Zeit nicht mehr wahr, sondern nur noch als es etwas, das unaufhaltsam abläuft. Es ist wie ein Virus das Körper und Geist vergiftet. Erst wenn wir die fesseln der Lichtmessung durchbrechen, werden wir erkennen. Das unser Bewusstsein gefangen war und wir geschlafen haben. Wir müssen aufwachen und unser Geist wird sich befreien. Wir steuern all unser streben und bewusst sein. Mit dem Hintergrund, dass wir eine von uns selbst auferlegte Deadline haben. Schluss endlich werden wir daran zerbrechen. Es werden immer mehr Geistige und Körperliche Erkrankungen geben. Wir driften immer weiter ab, die Lichtmessung als Zeit zu definieren. So dass unser Leben darin besteht, zu warten bis der Countdown abgelaufen ist. In der Natur des Menschen liegt es Herausforderungen zu meistern, Geistig zu wachsen und nach Wissen zu streben. Der Schritt die Lichtmessung als Zeit zu definieren, ist meiner Meinung nach aus ein Schritt rückwärts in unserer Evolution. Wenn wir unsere Denkweise und Perspektiven nicht ändern. Ist unser Untergang vorprogrammiert. Das Gift tragen wir schon in uns. Die frage ist: können wir es Neutralisieren? Tick Tack na und!

Schlusswort

Es gibt mehrere Aspekte die zu berücksichtigen sind. Dadurch das die Wissenschaft Zeit mit Licht messt. Werden wir Technologisch Demnächst an unsere möglichen Grenzen stoßen. In den 80ziger Jahren hat die Entwicklung der Computer einen Großen Sprung gemacht. In den 90ziger Jahren entwickelte sich diese Branche rasant schnell und Heut zu tage stößt diese Technologie an ihre Physischen Grenzen. Wir forschen zwar immer weiter und gehen immer mehr in die Richtung der Quanten Technologie. Solange wir allerdings Licht als mess- Instrument einsetzen, setzen wir uns damit selbst technologische Grenzen. Die Lichtgeschwindigkeit ist nicht die schnellste kraft im Universum. Was unter anderem der Hawking-Kreis beweist. Das Universum selbst ist auch nicht unendlich, es ist nur größer als wir uns es vorstellen können. Außerhalb des Universums existiert noch mehr Raum den wir bis heute nur nicht erforschen können. Das Universum ist nur ein Teil von dem was wir sehen. Viele Forschungen gehen mittlerweile in die andere Richtung. Sie erforschen kleinste Partikel, Quanten etc. Das ist natürlich ein Schritt in die richtige Richtung, nach meiner Meinung. Allerdings um das große Mysterium verstehen zu können, müssen wir alle Aspekte in Betracht ziehen. Dies ist schwierig da wir gefangen in unserer Denkweise sind. Wir müssen verstehen das wir nicht in Kategorien wir Planeten Galaxien Universen denken dürfen. Um es verständlich auszudrücken wir setzen unserer Denkweise Selbst Grenzen, die es zu durchbrechen gilt. Genau dasselbe machen wir mit Zeit. Zeit ist nicht messbar, sondern eine Gegebenheit. Nur aus dem Grund heraus das die Wissenschaft etwas Messbares daraus machen will. Schränken wir uns selbst ein und akzeptieren eine Grenze die wir uns selbst auferlegt haben.

www.ingramcontent.com/pod-product-compliance
Lightning Source LLC
Chambersburg PA
CBHW070844220526
45466CB00002B/881